Alien & Angela haben geheiratet

Für meinen Ehemann

Alle Rechte in diesem Buch sind der Autorin vorbehalten

Autorin / Bilder / Cover

Tanja Feiler

4

Magazine

Michelle und die Cute Pets werden auch in zahlreichen Magazinen vorgestellt. Darüber freuen sich die WG Bewohner natürlich.

Doch wo ist Alien und Angela?

Sprachlos

Alien und Angela sind Samstagabend wieder da – in wunderschöner Gaderobe.

Die beiden haben geheiratet. Und sie zeigen Bilder der wunderschönen Kleider von Angela…

Besonders Danke ich meinem Ehemann